"蓝钥匙"科普系列丛书

蔚蓝世界

于向昀 ◇ 著

丛书主编　郭曰方
丛书副主编　阎　安　于向昀
丛书编委　马晓惠　深　蓝
　　　　　向思源　阎　安
　　　　　于向昀　张春晖

山西出版传媒集团
山西教育出版社

图书在版编目(CIP)数据

蔚蓝世界/于向昀著. —太原:山西教育出版社,2015.9(2018.9 重印)
("蓝钥匙"科普系列丛书/郭曰方主编)
ISBN 978 - 7 - 5440 - 7801 - 6

Ⅰ.①蔚… Ⅱ.①于… Ⅲ.①海洋 - 少儿读物 Ⅳ.①P7 - 49

中国版本图书馆 CIP 数据核字(2015)第 159295 号

蔚蓝世界
WEILAN SHIJIE

责任编辑	彭琼梅
复　　审	李梦燕
终　　审	郭志强
装帧设计	薛　菲
内文排版	孙佳奇　孙　洁
印装监制	贾永胜

出版发行 山西出版传媒集团·山西教育出版社
　　　　　(太原市水西门街馒头巷 7 号　电话:0351 - 4035711　邮编:030002)

印　　装	山西新华印业有限公司
开　　本	787 × 1092　1/16
印　　张	7
字　　数	157 千字
版　　次	2015 年 9 月第 1 版　2018 年 9 月山西第 4 次印刷
印　　数	13 001 - 16 000 册
书　　号	ISBN 978 - 7 - 5440 - 7801 - 6
定　　价	36.80 元

目　录

人物介绍

姓名 蠹鱼

昵称：小鱼儿

性别：请自己想象

年龄：加上吃过的古书的年龄，已超过 3000 岁

性格：（自诩的）知书达理

爱好：吃书页，越古老越好

口头语：这个我知道！我会错吗？

姓名 阿龙

昵称：龙哥

性别：男

年龄：因患疑似痴呆症，忘记了

性格：迟钝、温和

爱好：旅游、欣赏自然、提问

口头语：可是这个问题还是没解决啊！

引言

你可知道大地的尽头是哪里？

唉！怎么能连那么神奇而美丽的地方都不知道呢？简直活得太失败了。

不过，老天还真是眷顾你，让你运气好到可以凑巧翻开了这本书……

这是本什么书？

在你还没有决定继续看下去之前，我可不想先告诉你。因为倘若现在简单地说出来，你的印象一定不深。

唔，慢着！

别怪我没有提醒你，要是你已经打定主意翻到下一页，最好要有足够的心理准备，免得被大地尽头那种无比震撼的景色吓到。

好了，**你准备得怎么样了？** 现在跟我一起——

深吸气……屏住呼吸……**三！** **二！** **一！** 翻页！

大地的尽头是个茫茫无边的水世界，在那里放眼远望，到处都是一样的蔚蓝蔚蓝的颜色。风吹过，涟漪荡漾的水面翻卷起浪花，一层层地涌上岸边。岸边长长的滩头铺满金粉银屑般的细沙，赤足在上面走过，细沙轻轻地钻过趾缝，发出轻微悦耳的"吱吱"声，那一刻，仿佛整双脚都踩在一张硕大而绵软的垫子上……

哪有！这个可是大地尽头如假包换的景色呢！

喂！喂！别用这么哀怨的眼光看我！我是认真的，不是逗你玩！

好啦，我知道你想说什么。没错没错，大地尽头的确有个很响亮的名字。

它叫作——海！

嘿嘿，就算"海"是地球人都知道的名字，这也不算是忽悠人哦。

要知道，在我们这个被称为**"地球"**的世界上，**有超过70%的地方都被海水覆盖，而供我们人类正常生活居住的陆地面积只占地球总表面积的29.2%。**

海洋的阻隔将陆地分为若干相对独立的区域。由于缺乏征服海洋的能力，陆地环境所诞生出的人类文明无论向哪一个方向传播，最终都会到达海边而止步。

在一个漫长的历史时期中，不同大陆上的人们被海洋封闭在各自的世界里，只能彼此不相联系地各自发展文明。这样看起来，说海洋是这些世界的边界，是这些大地的尽头，大概并不过分吧。

有没有兴趣到大地尽头去好好了解了解那里的一切呢？

嗯，要成为地球合格的主人，这可是个必修课呢！

跟我走吧！我们现在就出发……

如果现在我告诉你："你是一个永远的漂流者。"你有什么想法？

等等，在说出你的想法之前，我要先声明几件事：

第一，我不是诗人。尽管"永远的漂流者"这个词组貌似很有诗意，不过，我说你是一个永远的漂流者，目的并不是想作诗。

第二，我不是外星人。虽然"你是永远的漂流者"这个观点貌似不是普通地球人经常会想到的，并且这个说法也是经太空观察验证了的。

第三，我没犯糊涂。很快你就能知道，犯糊涂的人不会有这样又有诗意又具有科学性的想法。

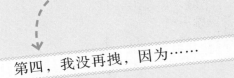

第四，我没再拽，因为……

什么？你说我疯了？这、这个……这个说法太、太、太不厚道了！

　　好吧，我这就向你证明，你就是一个漂流者，而且是一个永远的漂流者。

　　在出示证据之前，我们先要说明一个问题，就是"相对"的问题。比如说，你爬楼梯……不要问我为啥明明有电梯，我还非得让你爬楼梯，没听说过**"生命在于静止"**吗？

　　我当然知道，那句著名的话原本是那么说的——"生命在于运动"。但是，这个**"生命在于静止"**本身和**"相对"**有关。

　　比如说，你爬楼梯……好吧，既然你那么不愿意运动，非得偷懒，想要静止的话，我们换个说法——

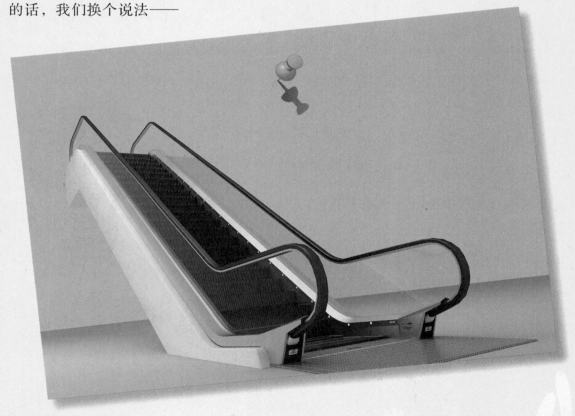

比如说，你去商场购物，乘滚梯上楼，在你看来，或者说，在任何一个乘滚梯的正常人看来，再或者，在某个旁观者看来，你和滚梯是运动着的，而周围的物体是静止的。

这没有错。现在，让我们换个立场看问题：如果说，把你当作参照物，也就是设定你和滚梯是静止的，那运动的就是周围的物体。

你只要想象一下就会明白了。正像两列交错而过的火车，你坐在静止的列车里，看着另一列火车从窗外疾驰而过，你会觉得窗外那列火车并没有动，是你乘坐的这列火车在跑。

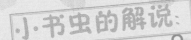

　　通常在制作动画片的时候，擅长偷懒的人会把画好的人物摆放在前面，采用"摇镜头"的方式，让人物背后的背景"活动"起来。在这个时候，以不动的人物作为参照物，动的就是背景。这也证明了"生命在于静止"……是懒人的想法。

好啦，你现在明白我为什么要说"生命在于静止"了吧？有生命的你乘着滚梯上楼，你能感觉到周围无生命的物体在移动，而有生命的你是静止的……呀，跑题了。

说清了这个"相对"的问题，**我们就来看看证据：**

从太空看地球，让你说出地球是什么颜色的，你一定会不加思索地说："地球是蓝色的。"

如果不要求精确表达的话，面对一张从太空里拍摄到的地球照片，我们一般都会说，地球就是蓝色的。

地球之所以是蓝色的，是因为它的表面大部分是海洋。

从这个角度讲，地球不该称为"地球"，而应该叫作"水球"。

这就是我所说的证据。

地球表面的情况，具体是这样的：

地球表面大部分为海水覆盖，海洋和陆地在地球表面分布很不均匀。全球陆地面积的 67% 集中在北半球，而世界海洋面积的 57% 集中在南半球。海洋面积在北半球约占海陆总面积的 61%，在南半球约占海陆总面积的 81%，因此有人把北半球称为陆半球，把南半球称为水半球。

从地球仪上可以看到地球表面海陆分布的一般规律：除了南极洲以外，所有大陆大体上都是成对分布的。比如说，北美洲和南美洲、欧洲和非洲、亚洲和大洋洲，基本上每对大陆都组成了一个"大陆瓣"，如果从北极的角度来看这些像花瓣一样散开的大陆，就会发现大陆形成了星星的形状，而且北半球大陆相对集中，而北极地区却是广袤的海洋，相反，南半球海洋相对集中，南极地区却是辽阔的南极冰原。

海洋和陆地的分布格局存在着不太标准的南北对称现象。从陆地分布来说，欧洲南方有非洲，亚洲南方有大洋洲，北美洲南连南美洲；从海陆分布来看，庞大的欧亚大陆南方有较小的印度洋，庞大的太平洋南侧有较小的大洋洲陆地，北极有北冰洋，南极有南极洲。

世界海陆分布图

　　海洋在地球表面分布范围很广，面积庞大，各大洋之间都有广阔的水域或较为狭窄的水道相连。与海洋相比，世界上的陆地却都是相互之间比较隔离的，除欧亚大陆和非洲大陆，南、北美洲之间有狭窄的地峡相连外，其他大陆都被海洋包围。人们把小于格陵兰岛的陆地称为岛，把大于澳大利亚大陆的陆地称为洲。

好啦，证据展示完毕，现在让我们来分析一下这个证据：

在地球表面，海洋的面积占整个地表面积的 **70.8%**；而陆地只占 **29.2%**，海陆面积之比约为 **2.4 ∶ 1**。相对于海洋来讲——注意这个"相对"——陆地所占的面积是无法与之相比的，如果我们忽视人们通常所使用的称谓，那些"大陆""大洲"，其实不过是面积更大的海岛，而居住在陆地上的我们，就是海上的漂流者，而且是永远的漂流者。

既然我们注定了要在海洋上漂流一辈子，那就来了解一下海洋吧。

根据海洋要素特点，可以将海洋分为主要部分和次要部分，海洋的主要部分定义为洋，次要部分定义为海、海湾和海峡。

洋是海洋的主体，一般远离大陆，占海洋总面积的89%，一般深度大于3000米，最深处可达1万多米。

洋即我们常说的"大洋"，是海洋的主体，为海洋的中心部分。大洋海水的透明度很高，水中的杂质很少。

世界上的海洋相互贯通，各个海区之间并没有明确的分界线，主要分为太平洋、大西洋、印度洋和北冰洋。2000年，国际水文地理组织又将南大洋确立为独立大洋。

海被称为"大海"，是指与大洋相连接的大面积咸水区域，通常大型的内陆盐湖、没有与海洋连通的大型咸水湖泊，如里海、加利利海也是"海"。由于海比洋更靠近大陆，人们首先认识的是海，所以，在人类社会，海比洋更出名。

海一般都位于大洋的边缘，是大洋的附属部分。海的面积约占海洋总面积的11%，海的水深比较浅，平均深度从几米到3000米。

由于海靠近大陆，所以比较容易受到大陆、径流、气候和季节的影响，海水的温度、盐度、颜色和透明度都受陆地影响而出现明显的变化。在有的海域，寒冬来临的时候，海水还会结冰。河流入海

口附近海水盐度会变低，透明度变差。与大洋相比，海没有自己独立的潮汐与海流。

海一般都比较狭窄，孤立的海峡与大陆连接，有些岛屿（岛弧）与大洋相隔，分别称为海或海湾。人们根据海所处的位置，将海划分为边缘海、内海、内陆海和陆间海。

陆间海是位于大陆之间的海，也称地中海或自然内海。在海洋学上，陆间海指具有海洋的特性，但被陆地环绕，形成一个形似湖泊的海洋，一般与大洋之间仅以较窄的海峡相连。世界上最大的陆间海是地中海，最小的陆间海是土耳其海峡中的马尔马拉海。

内海一般是深入大陆内部的海，是指陆地之间的狭窄海域，一般都拥有两个以上的海峡与公海相接。

边缘海又称"陆缘海"，一般都位于大陆和大洋的边缘，其一侧以大陆为界，另一侧以半岛、岛屿或岛弧与大洋分隔，水流交换畅通。

刚刚我们讲过，地球应该改名叫"水球"，那是不是说，地球是水的世界，陆地已经在这场 PK 中输掉了？

要正确回答这个问题，我们得先搞明白一件事：地球到底为啥没改名叫"水球"，至今仍叫"地球"？

其实原因很简单啦——海水的下面是什么？

这个问题对你来说一点儿难度都没有，几乎所有人都知道，海水的下面是陆地。

从这个角度讲，海洋，只不过是地球的一件外衣，而陆地，可以看作地球的皮肤。至于露出海面的大洲、海岛……呃，你穿衣服的时候，也会把头、脖子、手等部分露出来，不是吗？相信没有谁会弄个麻袋当衣服，把自己全装进麻袋里去。

什么？你说电视上的乞丐？人家穿的那叫"麻袋片"！腰里捆的是麻绳，手脚全露在外头。

现在，再回过头来想想前面我们提过的那个"相对"，只看地球表面——通常我们使用简称，叫"地表"——海洋占据了大部分地盘，可谓占尽风光，可一旦脱去海洋这件外衣，地球还是陆地的天下。

下面，我们就掀起地球的这件海洋外衣，去看看外衣下的世界，也就是海洋里面究竟什么样。

不过呢，俗话说得好，饭要一口一口地吃，路要一步一步地走，不能指望一口吃成个刚田武。你问刚田武是谁？就是《哆啦A梦》里的大胖子嘛，其实我的意思是说，想要一口就吃成一个胖子，那是不可能的，给地球脱衣服这事也一样。

我们先从海平面开始"脱"起，不，准确地说，应该是先观望。

哆啦A梦

所谓海平面，就是海的平均高度。这一高度是利用人工水尺和验潮仪长期观测而得到的。按观测的时间长短不同，可分为日平均、月平均、年平均和多年平均海平面。日平均海平面不但随天气状况而变化，且具有季节、半年、一年和多年周期变化。

海的平均高度虽然被称作"海平面"，其实这个"平面"是不平的，它受到两大主要因素影响。涨潮、落潮、风暴和气压高低等因素都会影响到海平面，这是第一大因素；海底地形的不同，也决定了海面的不平，这是影响海平面的第二大因素。

海底的地形是十分复杂的，它不仅分布有巍峨的海底山脉、平缓的海底平原，而且还有许多陡峭的海底深沟。由于受海底地形的影响，一个海区的海面会低于或高于另一个海区几米、甚至十几米。

　　一般来说，海底是一座山脉的地区，海面就比其他海域高一些；而海底是一个盆地的地区，海面就比其他海域要低一些。

　　有时海面的高低还与附近的巨大的山脉或山脉所组成的物质的积聚有关。这种物质的积聚，可以使其表面引力弯曲，从而形成一种动力，驱使水离开一个地区而流向另一个地区。

过去，尽管有风、海底地震、潮汐等种种因素引起的海面涨落，但是人们还是认为海面是平坦的。随着人造卫星测量技术的发展，人们发现，甚至风平浪静的海面也是坑坑洼洼的。

不仅如此，海平面还有着升降的变化。海水时刻在运动，海平面也不断在变动。

海平面的变化是海水量、水圈运动、地壳运动和地球形态变化的综合反映，是地球演化的一个重要方面。

大陆架简称陆架，也有人把它叫作大陆浅滩或陆棚。大陆架是大陆沿岸土地在海面下向海洋的延伸，可以被看作是由海水覆盖的大陆。

再把海洋这件地球外衣多掀起来一点儿，你就会看到真正的"海下风景"。沿着海岸向海洋里面进军，我们要认识的下一个目标就是大陆架。

大陆架的深度一般不会超过 **200 米**，但宽度大小不一。一般来说，与大陆平原相连的大陆架比较宽，可达数百千米至上千千米，而与陆地山脉紧邻的大陆架则比较狭窄，可能只有数十千米，甚至缺失。

现代大陆架由于处于陆地向海洋过渡的双重环境中，所以一直都经受着陆地和海洋各种应力的交替作用，并且在这些作用下形成了特殊的地形和地貌。

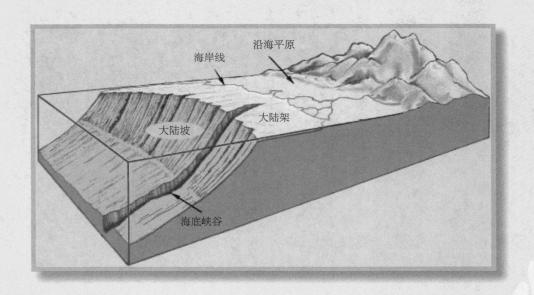

沿海平原

海岸线

大陆架

大陆坡

海底峡谷

大陆坡是向海的一侧，从陆架外缘较陡地下降到深海底的斜坡。也就是说，沿着大陆坡一直向下走，就可以到达深海海底。

从大陆到大洋，其间有座"桥梁"，叫作"大陆坡"。它是一个将大陆和大洋分隔开来的全球性的斜坡。

大陆坡的上限是大陆架的外缘，下限则根据水的深浅变化较大；其上界水深多在100~200米之间，下界往往是渐变的，约在1500~3500米水深处。在不同的海区，大陆坡的坡度差别很大。大陆坡就像一条延绵伸展的腰带，缠绕在大洋底的周围。分布在海底的全部大陆坡的面积，约占全部海洋面积的15.3%。

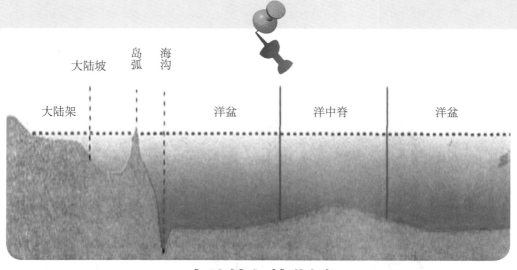

大陆坡与峡谷图

件正常的衣服，总会有一些具有点缀装

饰作用的部分，并且这些装饰往往还具有使

穿上衣服的我们更方便的作用。地球的这件海洋外

衣也不例外。唯一不同的是，我们的衣服是人制作

出来的，海洋是自然制作出来的——是自然形成的。

相对于海洋这件"外衣"来说，这些起到点缀、装

饰和使我们更方便的东西，就是海湾、海峡和三角洲

等。

海湾是一片三面环陆的海洋。与海湾相对的是

三面环海的海岬。天然的海湾是海洋在两个陆角或

海岬之间向陆凹进、有广大范围被海岸部分环绕的

水域。海湾所占的面积一般比峡湾大。

由于伸向海洋的海岸带岩性软硬程度不同，软弱岩层不断遭到侵蚀而向陆地凹进，逐渐形成了海湾；坚硬部分向海突出形成岬角。当沿岸泥沙纵向运动的沉积物形成沙嘴时，使海岸带一侧被遮挡而呈凹形海域。当海面上升时，海水进入陆地，海岸线变曲折，凹进的部分即成海湾。

　　海湾是人类从事海洋经济活动及发展旅游业的重要基地。世界上大大小小的海湾很多，主要分布于北美洲、欧洲和亚洲沿岸。

如果说海湾被看作是一件外衣的领子，那么海峡就是这件衣服的扣眼儿。什么？你不知道扣眼儿是啥？哎呀，就是把纽扣塞进去就能把衣服合上的那个小窟窿。没有这些小窟窿，衣服就只能敞着穿，扣子也都系不上……你说穿带拉链的衣服，这个……不带这样的！因为金属制成的拉链浪费资源，塑料制成的拉链会造成环境污染，所以……

又跑题了。我们还是来说海峡吧。

30

海峡是陆地之间连接两个海或大洋的狭窄水道，通常位于两个大陆或大陆与邻近的沿岸岛屿以及岛屿与岛屿之间。

有的海峡沟通两海，如台湾海峡，它沟通东海与南海；有的海峡沟通两洋，如麦哲伦海峡，沟通大西洋和太平洋；有的则沟通海和洋，如直布罗陀海峡，它沟通地中海与大西洋。

海峡是由海水通过地峡的裂缝，或海水淹没下沉的陆地低凹处经长期侵蚀而形成的。一般水较深、水流较急且多涡流。海峡内的海水温度、盐度、水色、透明度等水文要素的垂直和水平方向的变化较大，底质多为坚硬的岩石或沙砾，细小的沉积物较少。

海峡在军事及航运上都有重要意义。根据海峡水域同沿岸国家的关系，可分为内海海峡、领海海峡和非领海海峡。据不完全统计，世界上较大的海峡有50多个。

31

《火焰之碑》——危险起于马六甲海峡

《火焰之碑》是日本著名推理小说作家西村京太郎的代表作之一。它取材于一个真实的历史事件：1973 年，日本油轮"洋平"号在中国南海爆炸起火。西村京太郎以其娴熟的文笔、出色的结构设置，将其演绎为一个充满悬念又发人深省的探案故事。

这部小说以日本新太平洋石油公司总部接到勒索电话为开篇，继以油轮爆炸、新太平洋商事社长被绑架等恶性事件，负责此案的警探十津川等人不惧手握权柄的商界人士的威胁、阻挠，利用业余无线电专家留下的线索，终于成功地侦破疑案，也揭开了日本大集团掩盖在"友好援助"旗帜下的丑恶罪行。

小说的前半部分紧张精彩，扣人心弦，最值得称道的是作者对于海洋知识的应用。比如说，第一章的标题就是"U·K·C3.5 米"，而"U·K·C"是英文"Under Keel Clearance"的缩写，指

的是船底的空隙，犯人打算利用这一点来引爆油轮。小说由此引出日本油轮在马六甲海峡触礁，漏油污染海水一事，介绍了马六甲海峡的大致情况：全长约800千米，最狭窄的地段约4千米，最浅的地方据说水深仅21米；而另一方面，日本政府和海运界与印度尼西亚、马来西亚及新加坡三国约定，通过马六甲海峡时，U·K·C必须达到3.5米，可"洋平"号满载石油的情况下，吃水深度已达18米。时至今日，我们已无从细究当时的真实情形是否确实如此，但这样的情节安排，使得小说更为精彩、耐读，也更加意味深长。可以说，"马六甲海峡"这一关键知识点的运用，是整部小说中最为经典之处。

最后，我们来说说三角洲。

三角洲，即河口冲积平原，是一种常见的地表形貌。河流进入海洋、湖泊和水库等受水盆地，因水流能量减弱，其所挟带的泥沙在河口区沉积下来，逐渐发展成冲积平原，从平面上看像三角形，顶部指向上游，底边为其外缘，所以叫三角洲。

三角洲的面积较大，土层深厚，水网密布，表面平坦，土质肥沃，不但是良好的农耕区，而且往往是石油、天然气等资源十分丰富的地区，世界上许多著名的油气田都分布在三角洲地区。

位于大河河口的三角洲，是地质变迁、沧海桑田的历史见证者，也是世界各国经济、文化发展最早、最活跃的地区之一，因此又有黄金三角洲之称。

34

三 海底旅游攻略

我们已经掀开了地球的衣襟，看到了衣襟下面的地球是何种模样。下面，我们就要深入海底，去看看水世界的"地面构造"。

在此之前，我们先要了解什么叫"海底"。

啊，是的，如果真的到了海边，进入海洋里，你肯定能指出，面前的哪部分是海底。可你能不能用自己的话给大家讲讲清楚？

你说……算了，不要你说，我们还是引用某本书上的话吧——

"所谓海底，指海洋的深水下面，海水和陆地的接触面。"

37

海底世界到底啥模样？是不是和大马路一样平坦宽敞？

如果我们有本事把海水都吸干，是不是能够在海底开着赛车跑来跑去，甚至在海底盖一幢大房子？

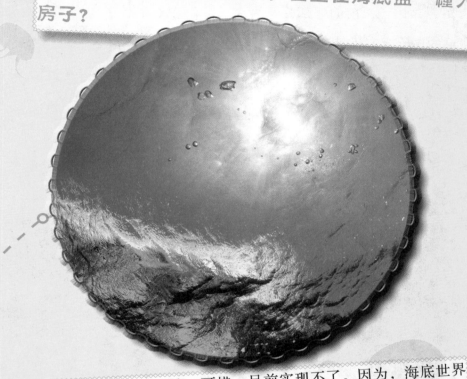

唉，这些愿望都是美好的，可惜，目前实现不了。因为，海底世界并非如你想象的那般平坦宽敞。

事实上，完全剥去海洋这件美丽的外衣，你所看到的赤裸的地球，它的皮肤不但很粗糙，而且凹凸不平。

海底其实和陆地上一样，有山有谷，甚至有泉水。如果你的适应能力够强，你会觉得，在海底生活还是挺享受的，只不过不能光凭着异想天开做事。

说到享受，最简单的方法——"一饱眼福"。我们先去深海欣赏一下雪花飘飘的美景吧。

深海哪里来的雪花啊？

噢，那些"雪花"其实是由浮游生物组成的"絮状物"，被称为"浮游生物雪"，它只发生在探照灯光照亮的区域内。所以，**想要观赏深海中的雪景，千万不要忘记带上探照灯哟。**

伴随着翩翩起舞的"雪花"，我们前往海底最深处。

大洋里最深的地方是海沟。海沟是大洋深处狭长的深洼地，它的两壁比较陡峭，横剖面呈 V 字形，有的海沟还有狭窄的平坦沟底。

海沟一般都分布在活动的海洋板块边缘，在海洋板块与大陆板块的交界处。世界大洋共有 29 条海沟，其中太平洋有 19 条，大西洋有 4 条，印度洋有 6 条。

在地质学上，海沟被认为是海洋板块和大陆板块相互作用的结果。密度较大的海洋板块插到大陆板块下面，两个板块相互摩擦，形成长长的 V 字形凹陷地带。

海底扩张学说认为，海沟是地球的一张大口，不停地吞噬着古老的海底，而古老的海底顺着海沟进入地幔层，并在炽热的地幔层中熔化为岩浆。

海沟及其伴生的火山弧，位于板块俯冲边界，有强烈的地震活动。海沟本身主要为浅源地震带，中、深源地震主要分布在火山弧及弧后地区。

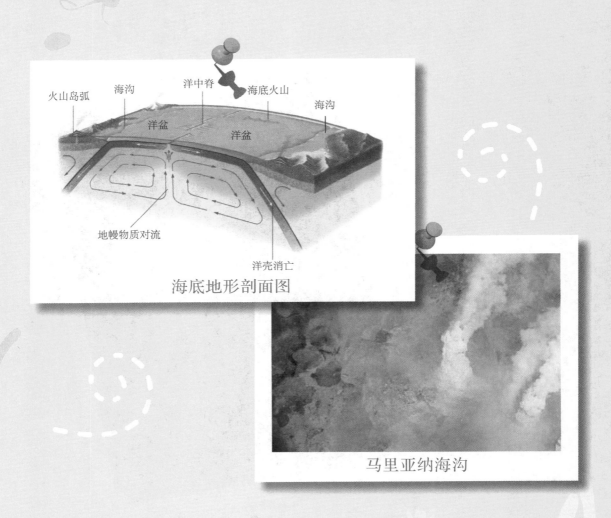

火山岛弧　海沟　　　洋中脊　海底火山　　海沟
洋盆　　　　　　　　洋盆
地幔物质对流
洋壳消亡

海底地形剖面图

马里亚纳海沟

现在你知道啦，在海底，不仅不能驾驶赛车狂奔，连跑步都得很小心很小心呢，因为一不留神，就可能掉进沟里，当然，我说的"沟"就是刚刚介绍的海沟。

其实，海底不但有沟，还有盆地呢。海底的盆地，可是名副其实的聚宝盆。这些聚宝盆，被称作"海盆"或"洋盆"，在这里埋藏着海洋的许多秘密。

在海洋的底部有许多低平的地带，周围是相对高一些的海底山脉。这种类似陆地上盆地的构造叫作海盆或洋盆。据统计，太平洋有 14 个深海盆地，大西洋有 19 个，印度洋有 12 个。

43

关于大洋盆地的起源，曾有过很多种假说，目前人们普遍接受的，是 **1974 年威尔逊提出的观点。**威尔逊综合了大陆分合与大洋开闭的关系，将大洋盆地的形成和构造演化分为六个阶段，分别为胚胎期、幼年期、成年期、衰退期、终了期和遗痕期。这几个阶段全部记录在洋底，需要细加研究才能辨别出来。我有个好提议给你：如果你喜欢的话，可以把这个当作将来的研究目标。

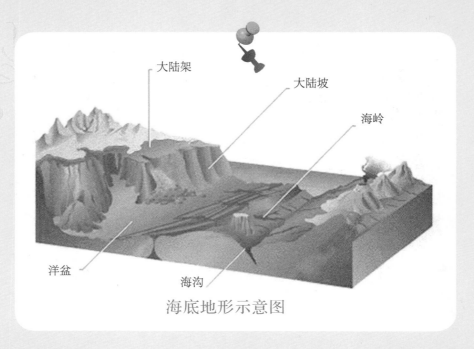

海底地形示意图

如果你能够不必顾及水压等问题，在海底自由活动，并且你又很想从事一项体育运动，那么我推荐一项好的运动给你，那就是：爬山。

位于海底的深洼地叫海沟，那么是不是海底隆起的高地就叫"海山"呢？

那你可就猜错了，"海山"倒是确实存在，不过它可不是咱们现在说的这个海底的高地。

如果你在一位地质学家耳边大声喊出"海山"这两个字，他们首先想到的，是位于海底的那些你不能攀登的山，那就是海底火山。

在海底，你能爬的那些山，叫"海脊"。怎么样，这名字很酷吧？海洋的脊梁啊，只是这些脊梁和我们人类的脊梁长得很不一样。

海脊，又称"海岭""海底山脉"，指大洋底部狭而长的高地，一般处于海面以下，有的峰顶露出海面，形成断续分布的岛屿。位于大洋中央部分的海岭，称中央海岭，或称大洋中脊。大洋中脊露出海面的部分形成岛屿，例如，夏威夷群岛中的一些岛屿就是太平洋中脊露出部分。在大洋中脊的顶部有一条巨大的开裂，岩浆从这里涌出并冷凝成新的岩石，构成新的洋壳。所以人们把这里称为新大洋地壳的诞生处。

海岭是海底分裂产生新地壳的地带，是板块生长、扩张的边界。

海岭和海沟的区别：海岭由地幔物质——岩浆——喷出海底堆积而形成。海岭是大洋地壳的诞生处，其岩石年龄最年轻，属于板块的生长边界。而海沟是大陆地壳与大洋地壳相遇形成的，由于大洋地壳的密度比大陆地壳要大，大洋地壳向下俯冲入大陆地壳，就形成了海沟。海沟是大洋地壳的消亡处，一般地，其岩石年龄最老，属于板块的消亡边界。

海底高原

如果爬山爬累了，你可以到海底高原上去歇歇脚，顺便看看高原附近的风景。不用害怕会有高原反应，在这方面，海底高原可比陆地上的高原"善解人意"多了。

海底除了有山脉，还有高原。海底高原又名海台或海底长垣，为宽广而绵长的海底高地。有些海底长垣可绵延数千千米以上，以太平洋和印度洋分布较广。

海底高原按其所处位置分为两类：边缘海台和洋中海台。

边缘海台发育于大陆边缘，多分布于水深 500 ~ 4000 米处，为大陆坡或岛坡上的平坦面。通常为花岗岩基底，是沉没至海洋不同深度的地块。

洋中海台，指洋盆中孤立的海底高原，大多位于水深 4000 ~ 5500 米处，上覆以钙质为主的厚层沉积物，通常无明显的火山、地震等构造活动。有些则具有陆壳性质，可认为是大陆裂离出来沉没的碎块，也称微型陆块，其地壳比周围洋底厚，但仍小于正常陆壳。

海底平顶山

　　第二次世界大战期间，美国科学家哈里·哈蒙德·赫斯受命调查太平洋洋底的情况。在对太平洋洋底进行调查时，发现了数量众多的海底山。这些海底山或是孤立的山峰，或是山峰群，其中有部分海底山顶部是平的。这是人们第一次发现海底平顶山。为了纪念他的地理老师，赫斯把海底平顶山命名为"盖约特"。海底平顶山是一个上小下大的锥状体，大多由橄榄岩和玄武岩构成，有些上部是珊瑚礁体，礁体厚度可达1500米。海底山有圆顶，也有平顶。平顶山的山头好像是被什么力量削去的。在世界各大洋中，太平洋中的平顶山最多，已经得到证实的就有150多个。

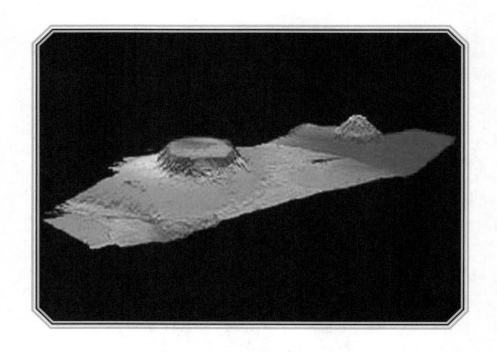

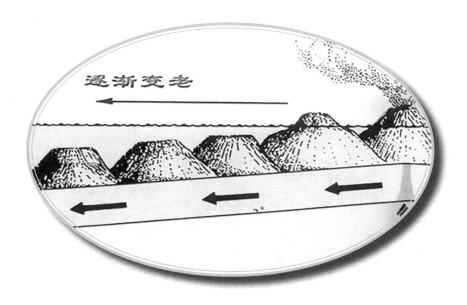
逐渐变老

对于海底平顶山的形成，赫斯做出这样的假设：这些海底平顶山过去曾经是火山岛，顶部由于海水长时间的侵蚀和波浪的打磨而变平，现在则由于板块活动而处于深海中。

另外一种理论认为，平顶山的"平顶"是当年火山喷发后形成的火山口。由于当时火山口接近海平面，大量珊瑚便在火山口附近繁衍，形成环礁。在漫长的地质历史中，死亡的珊瑚大量堆积在火山口一带，使火山口变平，最后形成了平顶山。

不久前一种新的理论出台，认为海底平顶山平坦的顶部并不是海蚀造成的，而是大量的熔岩溢出海底火山口，在重力作用下，向四周缓缓流淌沉积，最后冷却凝固而形成的。

无论海底平顶山的成因是什么，可以肯定的是，它对鱼类的生存和繁殖起了很重要的作用。海流在平顶山附近往往可以形成一股很强的上升流，能从海底带来大量有机质，为鱼类提供丰富的饵料。

在幽深的海底，你不仅可以从事爬山运动，还可以背背诗词，比如说"这边风景独好"什么的。这可是句应情应景的词哟！因为，海底不仅有沟有岭，还有泉水呢。如果你不怕烫，大可以到海底去泡泡热泉——只是很可能会被烫得脱了皮。

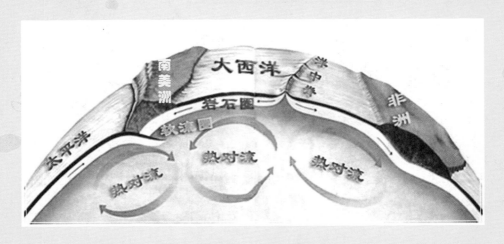

海底热泉是地壳活动在海底反映出来的现象。它分布在地壳张裂或薄弱的地方，如大洋中脊的裂谷、海底断裂带和海底火山附近。洋脊中都有大裂谷，岩浆从这里喷出来，并形成新洋壳。两块大洋地壳从这里张裂并向相反方向缓慢移动。

海底热泉又叫海底喷泉，和火山喷泉类似，一些热泉的喷口处矗立着高高的"烟囱"，其实，那些"烟囱"里喷出来的是热水。目前已发现的热泉有白烟囱、黑烟囱和黄烟囱。

在洋中脊里的大裂谷中往往有很多热泉，热泉的水温在 300℃ 左右。在大西洋的大洋中脊裂谷底，热泉水温最高可达 400℃。

所以嘛，在海底泡热泉，一定得特别小心，最好能用冰山给这些热泉降降温，让它们成为温泉，那样泡起来就安全多了。

海底热泉为什么温度这么高呢？ 原来，地壳的巨大板块一刻不停地运动着，它们的碰撞形成了海底山脉，山脉连绵不断，成为山脉链，就是我们刚刚提到的"海脊"；海底山脉的分离造就了海底裂隙。海水从这些开口处渗入地壳，被炽热的岩浆"烧"得滚烫，加热后的海水回流，又从地壳的小缝隙里涌出，形成了海底热泉。

这些勤劳的"烟囱工"又是谁呢？这个么，你只要好好看一下就会明白了——就是那些从喷口喷出来的过热水嘛。

过热水从地壳深处带来大量的金属物质，在涌出地壳的一刻，与周围冰冷的海水相遇，金属物质被沉淀出来，沉积在喷口处，逐渐积累成高高的"烟囱"。

由于过热水所含的矿物成分不同，所以"烟囱"的颜色也不同。如果水中含有铁和硫化物，在高温下就会形成硫化铁，产生"黑烟"。而冒"白烟"的海底热泉温度比"黑烟"要低，它们一般包含的是钡、钙、硅等的白色化合物。20世纪60年代，科学家们发现了在热泉周围形成的海底多金属软泥，从此揭开了人类研究现代"热液"矿产资源的新篇章。

你大概不知道吧？ 喜欢泡热泉的不仅有你有我，还有许多其他生物呢。

1979 年，美国科学家比肖夫博士等人发现在"烟囱林"中有大量各种生物生存。1988 年，中国科学家与德国科学家联合考察了马里亚纳海沟，发现在喷溢海底热泉的出口处，沉淀堆积了许多化学物质，并确认这是海底热泉活动的残留物，叫作"烟囱"；他们还发现，在那些活动热泉附近，聚集了大量的人类不曾认识的新生物物种。

海底热泉的发现，成为 20 世纪科学领域中最重要的事件之一。

对于生命是最先诞生于地球表面，还是起源于海洋底部的热泉，目前科学界仍在争论。英国《自然》杂志曾经刊载的美国科学家的一项新成果，为海底热泉生命起源说提供了新证据。

不同纬度、地形和深度的海洋，具有不同的物理及化学条件，因此造就了特色不一、各式各样的海洋生物。

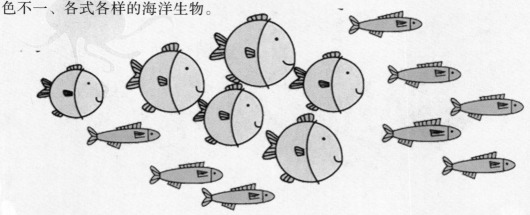

海底热泉往往与海底火山相伴共生。无论是海沟、海脊，还是海底高原，都是比较温和的，但海底火山就很难说了。它可是个名副其实的"惹祸精"——当然，这是指那些活火山而言。所以呢，去海底旅游，可千万要小心那些活火山。

所谓海底火山，就是形成于浅海和大洋底部的各种火山。包括死火山和活火山。海底火山的分布相当广泛，多数海底火山位于深海，但是也有一些位于浅水区域，在喷发时会向空中喷出物质。绝大部分海底火山位于构造板块运动的附近区域，被称为洋中脊。地球上的火山活动主要集中在板块边界处，而海底火山大多分布于大洋中脊与大洋边缘的岛弧处。板块内部有时也有一些火山活动，但数量非常少。海底火山可分3类，即边缘火山、洋脊火山和洋盆火山。

海底火山

大洋底散布的许多圆锥山都是海底火山的杰作，火山喷发后留下的山体都是圆锥形状。据统计，全世界共有海底火山两万多座，太平洋就拥有一半以上。现有的活火山，除少量零散分布在大洋盆外，绝大部分在岛弧、中央海岭的断裂带上，呈带状分布，统称海底火山带。海底火山，死的也好，活的也好，统称为海山。

人们常认为海底火山附近温度较高，但在火山口附近仍有厌氧耐热菌存在，这为科学家对生命存活条件的研究提供了新的思路。

奇闻趣事

海底火山与造岛

1963年11月15日，在北大西洋冰岛以南32千米处，海面下130米的海底火山突然爆发，喷出的火山灰和水汽柱高达数百米，在喷发高潮时，火山灰被冲到几千米的高空。经过一天一夜，到11月16日，人们突然发现从海里长出一个小岛。人们目测了小岛的大小，高约40米，长约550米。海面的波浪不能容忍新出现的小岛，拍打冲走了许多堆积在小岛附近的火山灰和多孔的泡沫石，人们担心年轻的小岛会被海浪吞掉。但火山在不停地喷发，熔岩如注般地涌出，小岛不但没有消失，反而在不断地扩大长高，经过1年的时间，到1964年11月底，新生的火山岛已经长到海拔170米高、1700米长了，这就是苏尔特塞岛。

观 看完海底风光，我们该返回陆地了，有没有胆子跟我来一趟"非常之旅"？

让我们搭乘活火山这座电梯，从海底直升上海面吧！

什么，你说我疯了？

呃，我承认这个设想确实有几分疯狂，不过，那可是很难得很难得的体验！想想吧，站在滚烫的岩浆上，闭上眼睛，感觉到身体似乎直冲上云霄……等睁开眼，你发现你正站在岛屿上，而且，这个岛是你发现的，把它据为己有的确有很大难度，但是你至少可以为它命名……

你问岛屿是什么？告诉你——

56

岛屿是指四面环水并在高潮时高于水面的自然形成的陆地区域。由海水环绕而成的岛，也专称海岛。在狭小的地域集中两个以上的岛屿，即成"岛屿群"，大规模的岛屿群称作"群岛"或"诸岛"，列状排列的群岛即为"列岛"。而如果一个国家的整个国土都坐落在一个或数个岛之上，则此国家可以被称为岛屿国家，简称"岛国"。

海洋中的岛屿面积大小不一，小的不足 1 平方千米，称"屿"；大的达几百万平方千米，称为"岛"。从成因上讲，岛屿可分为大陆岛和海洋岛两类。

岛屿的形成过程十分复杂。在深海大洋中形成的海岛可分为两种类型：一种是由珊瑚虫堆积起来的珊瑚岛，另一种是由火山喷发形成的火山岛。

　　珊瑚岛一般与大陆的构造、岩性、地质演化历史没有关系，因此和火山岛一起被统称为大洋岛。珊瑚岛多分布在热带海洋中，是由热带、亚热带海洋中的一种名叫"珊瑚虫"的腔肠动物残骸及其他壳体动物残骸堆积而成的。

　　生活在低纬度的热带海洋中的珊瑚是个大家族，组成珊瑚的珊瑚虫死后，其石灰质骨骼聚积起来，不断堆积成巨大的珊瑚礁，当增高的珊瑚礁露出水面后，就成了珊瑚岛。珊瑚礁有三种类型：岸礁、堡礁和环礁。世界上最大的堡礁是澳大利亚东海岸的大堡礁。

海底火山多从大洋中脊顶部升起。因海底扩张而离开中脊顶部，并继续喷发增长。当火山增长的速度超过海底沉降速度时，海底火山将升出水面成为火山岛。估计火山岛的形成约需1000万年。

大陆岛是一种由大陆向海洋延伸露出水面的岛屿，多呈链状分布在大陆边缘的海域，其地质构造和岩石成分与毗邻的大陆一脉相承。世界上较大的岛基本上都是大陆岛。因地壳上升、陆地下沉或海面上升、海水侵入，使部分陆地与大陆分离，分离出来的陆地被水包围，就形成了大陆岛。中国的台湾岛就是最典型的大陆岛。

海岛在人类文明的发展史上具有独特的地位，有过重要的贡献。利用海岛的自然优势，可以建立起各种优异的商港、渔港、军港、工业基地。风光秀丽、气候宜人的海岛更是人们向往的旅游胜地。

海岛风光　　　　　　　　　美丽小岛

海洋开玩笑，人类起争端

在孟加拉湾中部有一座小岛，长3.5千米，宽3千米，印度人称之为葛拉马拉岛，而孟加拉国人称其为南塔尔巴提岛。20世纪70年代初期，因推测此小岛下储藏有丰富的石油或天然气，印度和孟加拉国都宣称自己对该小岛拥有主权。

该小岛上没有任何建筑，但1981年，印度曾派遣炮艇和海岸巡逻队上岛插了一面国旗。此后，印度和孟加拉国为该小岛归属问题纠纷不断。从20世纪90年代开始，这座小岛开始下沉，2010年3月，这座小岛因海平面上升而消失，成了全球变暖的最新"受害者"。

虽然这座小岛现在已完全被海水淹没，但印度和孟加拉国的争端并未平息，有关分界线的争论变得更加激烈。印度外交部发言人2010年3月24日仍表示："小岛消失不影响两国之间的争端解决，我们仍要对小岛所在的海域进行主权控制。"而孟加拉军方同样也在研究对策。

地球上有两个区域，在这两个区域里看不见海洋，因为在那里，海洋被覆盖在银白色的冰雪下面。这两个区域，可以看作地球的头部和足部。它们就是南极和北极，通常我们称之为"极地"。

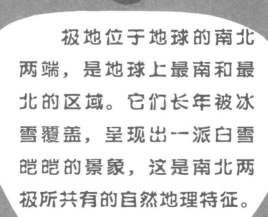

极地位于地球的南北两端，是地球上最南和最北的区域。它们长年被冰雪覆盖，呈现出一派白雪皑皑的景象，这是南北两极所共有的自然地理特征。

地理意义上的南北极点是地球自转轴的两端。南极点和北极点分别位于南纬90°和北纬90°，所有的经度线都通过南北极点。

地球本身拥有地磁场，这个地磁场的两极称为南磁极和北磁极，地磁极非常接近南极和北极，但是并不与南极、北极重合。磁北极约在北纬72°、西经96°处；磁南极约在南纬70°、东经150°处。

小贴士

地理南极与地磁南极

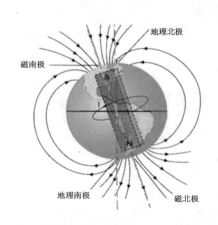

从字面上讲，南极指的是地球的最南端。它也被称为"地理南极"，位于南极洲内，并插有标记。但由于大陆漂移，在地球的历史上其实大多数时间南极洲都在距离南极很远的地方；而且，每隔一段时间，地理学家都要修正南极的位置。

地磁南极和地理南极是两个概念。地球表面上地磁场方向与地面垂直、磁场强度最大的地方，称为地磁极。地磁极有两个，分别为磁北极和磁南极。磁北极与磁南极位置与地理两极接近，但不重合。南磁极位于地理南极（这里存在分歧，见66页"挑战读者"）的附近，但是它的位置也在缓慢并不断地变化着。

如果没有南极和北极，地球就好像一个缺少了脑袋和脚的人。下面我们就去了解一下地球的头部和足部。平常人们谈起什么事，都喜欢"从头说起"，不过，既然我们是想要了解地球上的区域，那么，我们还是遵循"脚踏实地"的原则比较好。所以，我们先去看看南极地区。

通常所说的南极包含了南极区、南极洲、南极大陆或南极点这几个概念。南极区是南纬 60.5° 以南的大洋、冰架、岛屿和大陆，其面积约 5200 万平方千米，其中大洋面积约 3800 万平方千米，陆地面积约 1400 万平方千米。

南极圈特指南纬 66°33′的纬度线，这是南半球上发生极昼、极夜现象的最北界线。南极大陆的绝大部分陆地面积都在南极圈内。

南极洲是南纬 60° 以南的大陆和岛屿的总称。它是地球上纬度最高的大陆，也是跨越经度最广的大陆。南极洲在全球六块大陆中排名第五，总面积相当于地球陆地面积的 1/10，其中岛屿面积约 200 万平方千米，大陆面积约 1200 万平方千米。

地磁南极位于地理南极，对吗？

答案：这个问题一直存在争议。在《大英百科全书》和《大美百科全书》等作品中，明确指出地磁南极和地磁北极的位置分别位于地理南极和地理北极附近。但是，在《中国大百科全书·物理学》中，潘孝硕先生撰写条目里写道，在静止位置，指南针北端的磁极称为"指北极"，简称"北极"；南端的为"指南极"，简称"南极"。按这种定名法，在地理北极附近的地磁极是磁南极，而在地理南极附近的地磁极是磁北极。有学者对此作出这样的解释：位于地球内部的地磁体有 N 极和 S 极，也许潘孝硕先生定义的"磁北极"和"磁南极"是指地球磁体的 N 端和 S 端，而不是指地磁轴与地球表面的两个交点，所以得出了这样的结论。

南极洲孤立于南极地区，距离它最近的大陆是南美洲。南极大陆是构成南极洲的主体大陆，是地球南端凸起的一块大陆，也称地球的"底部"，同时它也是地球上最后发现的一块大陆。南极大陆表面积的 95% 以上被厚厚的冰雪覆盖着，所以南极大陆也被称为冰雪的大陆。距今 3000 万年前，南极大陆便已形成冰盖，整个南极大陆的平均海拔高度达到 2350 米，是世界七大洲中平均海拔最高的大陆。不过，一旦除去南极大陆上厚达 2000 多米的冰盖，南极大陆就会变成与澳大利亚大陆相仿的低矮大陆。

南极冰盖内陆和边缘分布着形形色色的山脉或山峰。南极大陆最主要的山脉是横贯南极山脉，它始于罗斯海西侧，止于菲尔希纳冰架南侧，将南极洲分为东南极洲和西南极洲两部分，这两部分在地理和地质上差别很大。东南极洲是一块很古老的大陆，据科学家推算，已有30亿年的历史，其中心位于南极点。西南极洲面积只有东南极洲面积的一半，是个群岛，其中有些小岛位于海平面以下。但所有的岛屿都被大陆冰盖所覆盖。

南极是地球的寒极，也是世界上最干燥的大陆。它的干旱并不是由高温少雨造成的，而是因为低温寒冷。南极和北极这样的高纬度地区几乎从不下雨，水汽移动到极地地区，总是以雪的方式降下来，降水量从沿海向内陆呈明显下降趋势，越往南极内陆，降水的机会越少。

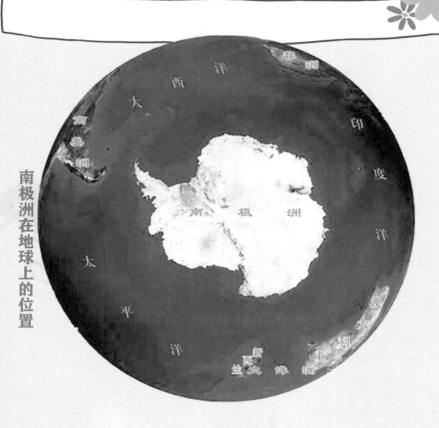

南极洲在地球上的位置

69

南极大陆冰盖是由积雪本身的重量长年挤压而成，称作重力冰。每年的积雪形成一层层的沉积物，年复一年，从底部至上逐渐形成一层层的冰层，越向上年代越新。深藏在南极冰川内部的冰芯犹如史书一样，记载着不同时期的气候和环境的变化，通过对冰芯的研究，可以测定冰川的年龄及其形成过程等情况。目前从南极冰芯中已获得过去 40 多万年以来的气候环境变化记录。

南极洲的冰盖平均厚度达 2000 多米，冰雪总量约 2700 万立方千米，占全球冰雪总量的 90% 以上，储存了全世界可用淡水的 72%。有人估算，这一淡水量可供全人类用 7500 年。因此，南极洲是人类最大的淡水资源库。

研究人员在南极的新发现

南极洲的地下埋藏了极其丰富的矿产资源，其中最丰富的是煤和铁。据推测，在西南极的海区有相当多的石油和天然气。

说完了"脚"，我们再来看看地球的头部。这个"头部"当然指的就是北极地区。为什么把北极放在后面说呢？因为我们中国自古就提倡"上北下南"，以北方为尊贵，最好的当然要放到最后啦。

北极地区通常指北极圈 66°33′ 以北的区域，包括北冰洋绝大部分的水域、岛屿，以及欧洲、亚洲和北美洲的北方大陆，总面积约 2100 万平方千米，其中陆地面积约 800 万平方千米。

1595 年绘制的北极地图

北冰洋的浮冰

"北冰洋"一词源于希腊语，意思是"正对着大熊星座的海洋"。北冰洋是地球上跨经度最广的大洋，也是纬度最高的大洋，同时它还是世界最小、最浅和最冷的大洋。北冰洋在世界大洋中拥有最大的陆架区，大陆架平坦而宽阔，面积约 440 万平方千米。北冰洋拥有为数众多的岛屿，其岛屿的数量和面积仅次于太平洋，居第二位，其中包括世界第一大岛格陵兰岛。

北极地区有大面积的永久性冻土地带，这在世界上其他地方是找不到的。这些永久性冻土层和北极、南极的冰盖一样，都储存有大量的地球古环境信息，通过钻取冻土芯和冰芯分析，可以了解古气候的变化过程和古环境的变迁过程。

北极地区的冰与南极不同，除了在格陵兰岛上有巨型冰盖之外，北极大多是厚度仅几米的海冰。 北冰洋大部分海域被平均约3米厚的冰层覆盖，据测定，这里的海冰已经持续存在了300万年。大部分海区，尤其是高于北纬70°的洋区，存在着永久性的海冰。

北冰洋的海底起伏不平，一系列海岭、海盆、海槽和海沟交错分布，其中主要的海岭有三条：罗蒙诺索夫海岭、阿尔法海岭和北冰洋洋中脊。

格陵兰岛
上的极光

因纽特妇女

北极地区矿产资源极其丰富，除了大量的石油和天然气外，还储藏有煤、铁、铜、铀等矿产资源。

北极与南极最大的不同点在于北极有居民。

北极地区现有人口约900万，主要分布在8个环北极国家的北纬60°以北地区。其中土著居民约200多万，主要居住在北美洲的阿拉斯加和加拿大北部的北冰洋沿岸和格陵兰岛的北部。这些土著民族世代生活在气候环境恶劣的北极地区，居住条件极其简陋，靠渔猎为生，捕猎对象主要是海豹、鲸、海象和鱼类等。如今，他们也开始享受现代科技与物质文明生活，同时又保留着北极地区土著民族传统的渔猎和生吃鱼肉的风俗习惯。

因纽特人的冰屋

消失的"北极洲"

　　在阿拉斯加和西伯利亚的冰原中，人们都曾发现过大量的猛犸象遗体。它们是地球有生命以来在陆地上繁衍生活过的大型史前动物之一。

　　猛犸象如何能在被大洋覆盖的北极地区生存呢？据科学家们考察发现，在大约1万年前，也就是最后一次冰河期结束前，现在的北冰洋地区并不是海洋，而是一片草原。猛犸象就生活在这片一直延伸到北极的草原上。

　　那么，这片草原后来到哪里去了呢？

　　答案是：草原消失了。准确地说，它融化了。因为这是一块覆盖着茂盛的草木的巨大冰原。原本北极地区确实是一片汪洋，但由于在冰河期气温急剧下降，北冰洋里的浮冰相互联结，形成了一片完整的冰原，于是北极地区就因冰原的覆盖而出现了一块特殊的陆地。这就是所谓的"北极洲"，处于冰河期的漂浮的冰封大陆。通常这样的陆地被称为"气候性陆地"，它形成的不是海洋性气候，而是变化剧烈的大陆性气候。当时北极洲的气候可谓"超大陆性"的，这里经常形成持续不断的强大反气旋，由此带来了特有的无云天气，致使冬天极为寒冷。

冰河时期的西伯利亚和北美洲是一片干旱的冰土草原。冰原上的尘土是由大气上层带到北极地区，然后降落在这片海洋冰原上的，尘土日积月累，形成了黄土层，把整个冰原覆盖在下面。夏天阳光在无云的北极上空昼夜照射，温度明显上升，受热融化的冰为土壤提供了充足的水分，为草的生长创造了良好的条件。这些草就是生活在"北极洲"的猛犸象们的食物。

大约1万年前，全球气候变暖，随着气温的上升，冰原解冻，冰川消融，北极的"大陆"随即变成了北冰洋。受北冰洋影响，这一地区的气候也转变为海洋性气候，原来的草原成为沼泽冻土和森林冻土，靠南边的地区长出浓密的原始森林。随着"北极洲"的迅速消失，猛犸象也走向了灭绝。

从日本到夏威夷，最简单、最省力、最省钱的方法是什么？

答案：读下去你就知道了！提示：注意！陆地也会跑哦～

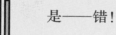

如果我问你，**从日本到夏威夷，最简单、最省力、最省钱的法子是什么**，你会给我什么样的答案呢？

可能有人会说乘飞机，有人会说乘船，还有人会说"我瞬间移动"……啊，我们认为最后一个答案很可能是外星人说的。

不过，对所有这些答案，我都只会给出一个字的评价，那就是——错！

不知道为什么吧？ 听我慢慢给你解释。

我们先来看一个和这个题目很类似的问题：**每秒钟跑 600 千米，怎么才能做到？**

跑步行吗？ 世界著名短跑选手博尔特在 2009 年创造的百米纪录是 9.58 秒，照这个速度计算，他跑完 600 千米要用 57480 秒，合为 958 分钟，也就是将近 16 个小时！**你觉得你能比博尔特跑得还快吗？**

乘飞机、火车、汽车、轮船……行吗？ 首先，那不算跑，其次，即使搭乘这样的交通工具，你也达不到每秒 600 千米的速度！所以，不行。

那么，怎么才能每秒跑 600 千米呢？

答案是：

原地高抬腿跑就行了！

因为，生活在地球上的我们，属于太阳系家族的一个组成部分，虽然只是很小，而且可能是很微不足道的一部分，而太阳系是银河系的一个成员，银河系在以每秒 600 千米的速度朝着长蛇座方向运动。以这个速度推算，生活在银河系中的我们，每天移动的距离就是 5184 万千米。

也就是说，创造养育你的这个大自然会主动帮你实现每秒跑 600 千米这一目标，你只要假装跑一下就行了。

很简单是不是？很相近的答案，从日本到夏威夷，最简单、最省力、也最省钱的办法，就是找个地方坐下来等！

因为，陆地会跑！只要你有足够的耐心，你会看到夏威夷自觉自愿地跑到日本旁边去。

不相信是吗？告诉你吧，据卫星观测表明，夏威夷群岛一直在向日本靠近，照此形势发展下去，终究有一天它们会彼此"相依相偎"，到那

太阳在太阳系中的位置

时候，你闲庭散步一般从日本走到夏威夷去就行了。

　　啊，对了，这个方法虽然简单省事，而且省钱省力，可是很费时间——我从一开始就没问怎么能够最节省时间。

　　对于夏威夷群岛一直在向日本靠近这件事，日本科学家认为，它是可以证实"地壳移动"这一假说的证据，即澳大利亚、北美洲和夏威夷群岛向日本靠近是地壳移动的结果。

　　而也有人认为，这是"大陆漂移"学说的证据。

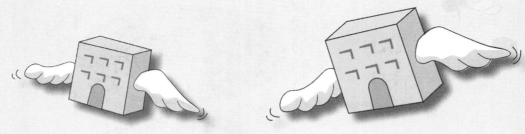

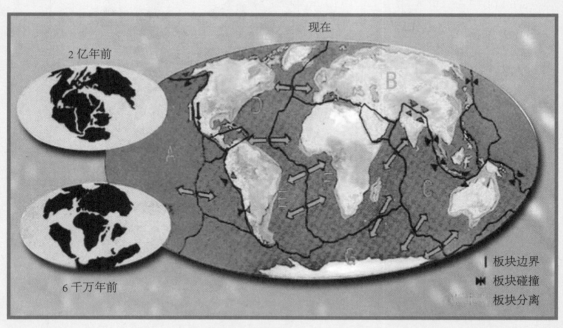

"大陆漂移"学说示意图

81

> **"大陆漂移说"** 也称"大陆漂移假说"，有个很著名的笑话，可以帮你快速理解"大陆漂移说"。

第二次世界大战期间，有位英国飞行员因受伤被德国人俘虏了，他请求把他的断臂空投到英国的机场去，德国人满足了他的要求。不久，他又要求德国人把他的断腿也空投到英国机场去，德国人拒绝了，并对他说："我们怀疑你在分期分批地逃跑。""大陆漂移说"的主要内容总结起来就是一句话：**大陆在分期分批地逃跑！**

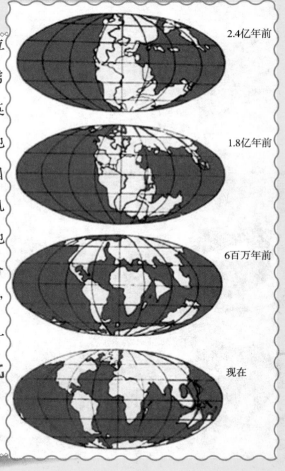

2.4亿年前

1.8亿年前

6百万年前

现在

大陆漂移过程示意图

82

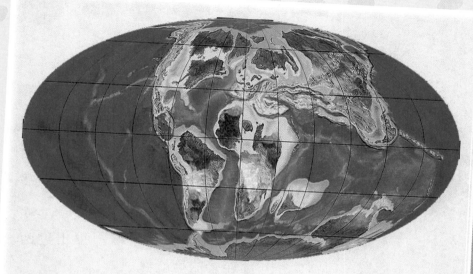

泛古陆与泛大洋

　　具体说来是这样的：远古时代的地球，只有一块庞大的陆地，叫"泛古陆"，或称为"盘古大陆"，被称为"泛大洋"的水域包围。大约在2亿年前，"泛大陆"开始破裂，到距今约二三百万年以前，漂移的大陆形成现在的七大洲和五大洋的基本地貌。这一假说首先假设地球内部是玄武岩质，地表则是花岗岩质，而大陆就像冰山浮在海面一样，浮在熔融状的玄武岩上。大陆因为潮汐的推动而移动分离。

　　什么？你说"大陆漂移说"是由德国人提出来的，你连这都知道？太聪明了，不过，这个说法不那么确切。

83

"大陆漂移"学说形成过程：

1. "大陆漂移说"最初是由奥特利乌斯在1596年提出的。当初之所以会出现这一说法，是为了解释大西洋两岸明显的对应性——在世界地图上，大西洋的两岸，边缘似乎能够吻合。

2. 1620年，英国的弗朗西斯·培根提出过西半球曾经与欧洲和非洲连接的可能性。

3. 1668年，法国人普拉赛指出，美洲曾与地球的其他部分相连。

4. 19世纪末，奥地利地质学家修斯注意到南半球各大陆上的岩层非常一致，因而拟将它们合成为一个单一大陆，称之为"冈瓦纳古陆"。

5. 但这些说法都没有受到应有的重视，直到1915年，德国气象学家阿尔弗雷德·魏格纳的著作《大陆和海洋的形成》问世，才引起地质界的震动。

由于魏格纳是位气象学家，因此，在他阐述大陆漂移观点时，所使用的许多证据来自他对古气候的研究。他注意到，各大陆上存在某一地质时期形成的岩石类型出现在现代条件下不该出现的地区，运用以今论古的原则，魏格纳确定了各大陆当时的古纬度，并通过对古纬度和现代纬度的比较，得出了大陆漂移的结论。

尽管在大陆边缘的吻合、古生物学、冰川作用、共有的地质现象等多方面都显示出了支持"大陆漂移说"的证据，但由于当时的知识局限，大陆漂移和动力学机制得不到物理学上的支持。直到20世纪50年代，"大陆漂移说"仍然得不到普遍接受。

魏格纳

这一假说之所以会遭到冷遇，是因为魏格纳在倡导大陆漂移的同时，又认为大洋底是稳定的。其实，在前面的章节里，我们已经探索过水世界的秘密，知道大洋底并不是个平静的地界，例如，海岭就是海底分裂产生新地壳的地带。

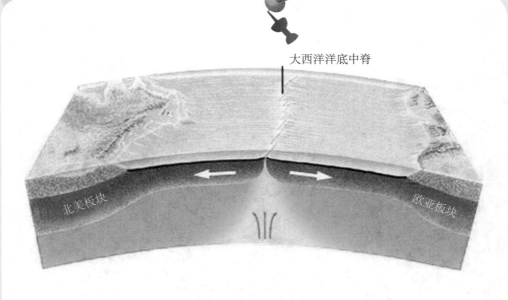

大西洋洋底中脊

北美板块

欧亚板块

海底扩张示意图

人们逐渐认识到，洋底并非稳定不动，由此，在 20 世纪 60 年代，"大陆漂移"学说得以发展，在此基础上出现了"海底扩张说"，此后，更"进化"为板块构造理论。

海底扩张学说是在大陆漂移说的基础上发展出来的进阶地球地质活动学说，是在 20 世纪 60 年代，由两位美国海洋地质学家哈里·赫斯和罗伯特·迪茨共同提出的。**它是大陆漂移说的新形式，也是板块构造学说的重要理论支柱。**

　　赫斯认为，大陆推挤开洋底物质，分期分批地逃跑，这种说法是不对的。他提出的意见是：海底吃得太饱了，因此开始呕吐，吐出的熔融岩浆推开两边的岩石，形成了新的海底。

哈里·赫斯

　　海底扩张说的要点归纳出来是这样的：大洋岩石圈因密度较低，浮在塑形的软流圈之上，是可以漂移的；由于地幔温度不均匀而导致密度不均匀，结果在软流圈或整个地幔中引起对流。较热的地幔物质向上流动，较冷的则向下流动，形成环流；大洋中脊裂谷带是地幔物质上升的涌出口，不断上涌的地幔物质冷凝后形成新的洋底，并推动先形成的洋底逐渐向两侧对称地扩张。先形成的老洋底到达海沟处向下俯冲，潜没消减在地幔中，成为软流圈的一部分。因此，洋底始终处于不断产生与消亡的过程中，它永远是年轻的。

大约一年后，弗雷德里克·瓦因把海底扩张的思想与海底地磁的新资料圆满结合在一起，奠定了板块构造学说的基础。又过了几年，深海勘探的成果圆满地验证了科学家提出的假说。

相关链接

不断扩张的红海

红海位于非洲北部和阿拉伯半岛之间，这里生活的海藻会发生季节性的大量繁殖，使得海水全部变成红褐色，有时连天空和海岸都被映得红彤彤的，因此得名"红海"。

红海是个非常奇特的海，它的某几处水温特别高，可达 50℃以上，海底还蕴藏着特别丰富的高品位矿床，

但它最吸引人之处，在于它在不断地扩张。1978 年 11 月 14 日，红海阿发尔地区的一座火山突然喷发，溢出了大量岩浆，一个星期后，人们经过测量发现，非洲大陆和阿拉伯半岛之间的距离增加了 1 米——也就是说，红海在短短的 7 天之内又扩张了 1 米！

海洋地质学家解释说，红海之所以具有这些奇特之处，是因为红海的海底有着一系列的"热洞"，从洞中不断涌出的地幔物质加热了海水，形

成了矿藏，并推挤着洋底不断向外扩张。这就是促使红海扩张的"幕后指挥"。

　　地质学家们普遍认为，红海是地球最年轻的海域之一，很有可能在不久的将来发展成为一个新的大洋。科学家们研究了红海的成因，根据红海海底最年轻的海洋地壳带推断，从距今300万年前开始，红海以每年2厘米的平均速度在不断扩张；他们由此联想到了大西洋的形成。辽阔的大西洋在2亿年前也是一个狭长的水带，跟今日的红海一样，它周围的大陆也靠得很近，由于漫长的地质时期的海底扩张作用，大西洋拥有了今天的广大"地盘"。由此，一些科学家断言，红海是一个未发育成熟的大洋，再过几亿年，它会变成第二个大西洋。

板块构造论又称板块构造假说、板块构造学说或板块构造学，是为了解释大陆漂移现象而发展出的一种地质学理论。

　　和大陆漂移说及海底扩张说都不一样，板块构造论认为，地球爱玩七巧板，啊，不，应该说，地球爱玩"六巧板"。该理论认为，地球的岩石圈是由板块拼合而成，全球分为六大板块，海洋和陆地的位置是不断变化的。根据这种理论，地球内部构造的最外层分为两部分：外层的岩石圈和内层的软流圈。

亚欧板块　北美洲板块　亚欧板块　太平洋板块　非洲板块　太平洋板块　南美洲板块　纳斯卡板块　印度板块　澳洲板块　菲律宾板块　北　地球的板块

20 世纪下半叶的板块构造学说图

1968年，法国的萨维尔·勒·皮雄根据各方面的资料，首先将全球岩石圈分为六大板块，即太平洋板块、亚欧板块、印度洋板块、非洲板块、美洲板块和南极洲板块。后来，有人在勒·皮雄的基础上，在大板块中又分出许多小板块，而环太平洋板块边界的板块活动最为活跃，因此地震作用和火山作用也最为频密。

板块实际上就是岩石圈，包含了地壳以及一小部分的地幔。因此板块没有"大陆板块"与"海洋板块"的分法，只有依其组成命名为"大陆性的板块"与"海洋性的板块"。板块在软流圈之上运动，由地幔对流柱产生驱动力而运动。板块之间有三种相对运动方式，分别为聚合、张裂与错动；因此，板块的边界可分为张裂型板块边界、聚合型板块边界和错动型板块边界三种类型。

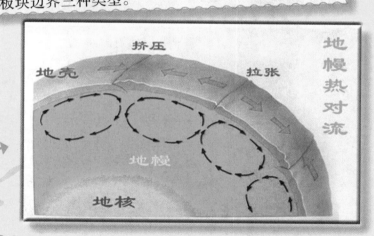

板块构造论是综合了地震带的分布、海底扩张、大陆的移动以及地球的构造等多个事件的观察结果得出的理论，在世界各地都能够找到相关的证据。比起大陆漂移说和海底扩张说，板块构造论更完善，也更令人信服。

相关链接

青藏高原的诞生

大陆漂移说和板块构造论不仅能用来解决海洋地质问题，也可以用来解释陆地上的高原、山脉等的成因。比如说，青藏高原的诞生就是板块互相碰撞、挤压的结果。

中国地处亚欧板块东南部，为印度洋板块和太平洋板块所夹峙。自第三纪以来，各个板块相互碰撞，对中国现代地貌格局和演变产生了重要影响。

青藏高原位于亚欧板块和印度洋板块

　　的交界处，而且两板块相对运动，印度板块往北向亚洲板块挤压，由此引起昆仑山脉和可可西里地区的隆起。

　　随着印度板块不断向北推进，并不断向亚洲板块下插入，青藏高原在此阶段形成。青藏高原的形成并不是一次就完成的，其上升速度曾几度停止，但有时也非常迅速。

　　专家指出，目前地球上唯一的陆陆板块碰撞地区就在青藏高原，这里也是唯一正在生长的陆陆板块碰撞高原。除青藏高原之外，地球上也有其他地方在活动、增长，如太平洋板块和南美洲板块仍在碰撞，安第斯山也在往上生长，但它们属于海洋板块与陆地板块之间的碰撞。

如果你有一罐金子，而你又不想马上用掉它，你准备怎么办？

你可能会说：把它打造成首饰。

可你想过没有？ 在制造首饰的过程中，金子肯定会损失掉一部分，尽管可能是很少的一部分。

你可能会说：如果不想损失的话，那就把它存进银行。

那我再问你：**如果你现在身处没有银行的古代，你打算怎么做呢？**

大概你会说：挖个坑，把金子埋起来。

对于很多人来讲，挖个坑——一个只有他自己知道准确位置的坑——把自己重视的东西埋起来，是最可靠的方法。

悄悄告诉你：海洋也是这么想的。

对于很重要的东西，海洋使用的也是这个方法：把它们埋起来！

如果你能找到海洋里埋藏的东西，那你可真的是"掘到宝"啦。

河流入海将陆地上的许多东西带入海洋，成为海洋沉积物

海洋所埋藏的宝贝多种多样，它们有个共同的名字，叫"海洋沉积物"。

为什么叫"沉积物"呢？你想象一下就会明白了——你能想象出海洋像你一样拿着一把大铲子拼命挖土的样子吗？

你可能会说：海洋又没有手，怎么能拿着铲子挖坑啊？

当然啦，就是因为海洋不能像你那样挖个坑把宝贝埋起来，所以它才会采用"沉积"的方式，收藏自己的宝贝。

海洋沉积物不仅是海洋收藏的好东西，还是海洋的日记呢。要想淘到海洋埋藏的宝贝，我们就得先知道什么是海洋沉积物，在此之前，我想问问，**你知道"沉积物"是什么吗？**

沉积物的定义是这样的：**沉积物为任何可以由流体流动所移动的微粒，并最终成为在水或其他液体底下的一层固体微粒。**

你可别因为这些沉积物被叫成"微粒"就看不起它们，要知道，很多看着不起眼儿的东西，其实都很金贵。比如说，想要得到许多的金子，通常所采用的方式叫"淘金"，而淘金者淘出来的，一般不是金条、金块什么的，而是细小的金沙！我们经常听说的金条、金砖什么的，都是这些微不足道的金沙"炼"成的。瞧，要想得到大把金子，我们也得依靠"微粒"呢。

海中淘金靠微粒

千百年来，人们一直梦想用各种方法从便宜的材料中提取黄金。如今，芬兰研究机构开发出一种技术，能从海水中"淘"出金子。这种方法依靠的就是——"微粒"！

据《赫尔辛基新闻》报道，芬兰拉彭兰塔理工大学的研究人员新近研发出一种可从海水中提取黄金的方法。研究人员认为，黄金和其他贵金属以极其微小的颗粒溶于海水，用某些药剂可以使黄金颗粒聚集，从海水中分离出来。

拉彭兰塔理工大学绿色化学实验室曾研究过核电站从水中提取放射性金属离子的方法，其方法基于各种金属对不同材料的附着性。现在，他们借鉴这种方法，使溶解在水中的黄金以纳米颗粒形式附着在黏合剂上。

领导这一研究的米卡·西兰佩教授说，海水中的黄金含量非常低，数千立方米海水中所含黄金才 1 克多。由于成本过高，用这种技术从海水中提取的黄金不适于制作首饰，但这种黄金纳米颗粒在制药行业有广泛用途。

沉积物是由微粒们累积而成的。 这就和你平时攒钱一样，每个月往存钱罐里丢进一些零钱，到年底把这些钱取出来数一数，你会惊讶地发现，你已经有了一些财产，这些积累下来的财产，就是你的积蓄。

沉积物也是一种积蓄，存储它们的是这个大自然。想要把这些微粒当作零钱存起来，当然还需要有人帮它来做。通常做搬运工作的是水流。除了水之外，沉积物亦可以由风或冰川搬运。

每一类沉积物有不同的沉降速度，依据其大小、容量、密度及形状而定。 这个"沉降速度"就相当于你每个月把零钱丢进存钱罐里的次数。

想存钱，当然首先需要找个好一点儿的存钱罐。自然界选择的存钱罐，就是水流的聚集之处。海、大洋及湖都会累积沉积物，这些物质可以在陆地或海洋沉积。陆生的沉积物由陆地产生，但是可以在陆地、海洋或湖泊沉积。

处于海底的沉积物就是海洋沉积物，对吗？

答案：海洋沉积物是以海水为介质，沉积在海底的物质，是通过各种海洋沉积作用而形成的海底沉积物的总称。这些物质之所以被称为海洋沉积物，是与陆地上的沉积物相对而言的，也就是说，过去曾是陆地和淡水域的沉积物，即使现在处于海底，它们也不能叫海洋沉积物；但如果从前曾是海洋沉积物，现在即使存在于陆地和湖底，也应叫作海洋沉积物。

海洋沉积物中的微玻璃陨石

你积存的宝贝，不管是钱还是其他非常珍贵的东西，例如成套的图片、《三国杀》的套卡之类的，它们能够越来越多，全靠你平时辛辛苦苦地积攒。而沉积物的积攒，离不开沉积作用。沉积作用一般可分为物理的、化学的和生物的三种不同过程，由于这些过程往往不是孤立进行的，所以沉积物可视为综合作用产生的地质体。

如果你是个爱好整洁的人，你会把你所有的宝贝分出类别，按照不同类别收藏好。海洋也有一样的习惯，它是按深度来给沉积物分类的，0～20米的为近岸沉积，20～200米的叫浅海沉积，200～2000米的是半深海沉积，大于2000米的就称为深海沉积了。什么？你问如果你不喜欢整洁咋办……希望你向海洋学习，培养出整洁的好习惯。

相信你储存起来的钱有不同的来源，比如说，爷爷奶奶给的压岁钱、爸爸妈妈给的零花钱，如果你很能干的话，可能还会有你打工挣来的钱，等等。同样道理，海洋沉积物有多种不同来源，有些是陆地岩石风化剥蚀的产物，有些来自海洋本身，如海洋生物遗体或海水溶液中的物质，有些是火山爆发形成的，还有些来自宇宙。不同来源的海洋沉积物有不同的成因。

海洋沉积物的形成离不开物质搬运——不管是把钱丢进存钱罐，还是存进银行，总得有人来做才行。平时存钱这事是你在做，你忙得腾不出手的时候，可以请爸爸妈妈替你做。

陆源沉积物是大陆侵蚀的产物被河水、冰川及风力
搬运，在海底形成的沉积物

　　不同的人有不同的存钱习惯。比如说在古代，有些人把辛苦挣来的银子埋入地下；有些人会选择装进罐子里抱着走；有些人会找辆小车推着走；也有些人，由于要去的地方太远，会找家镖局来押运。

　　和忙碌的你一样，海洋在积累沉积物的过程中，也需要有帮手。在不同海域，海洋使用的帮手是不一样的。

　　搬运来自大陆的砾石、砂和黏土的"搬运工"主要是河流，此外还有浮冰、风，等等。

　　这些"搬运工"的行动，会受到潮流、密度流、风海流和风浪等因素的控制和影响。

单把来自陆地的物质搬运到海里，这还不算完。负责任的搬运工们还要把其中的一些东西运送到深海区。做这件事的搬运工叫作"浊流"，这是因为被搬运的碎屑物质和运输它们的水流混合了，水流的密度因此变高，而水流本身也变得混浊了。堆积在大陆坡上的沉积物也会因为滑坡作用，自己向深海地区运动，但起到最大作用的，还是浊流。搬运工们在劳作过程中，在海洋里"踩"出了自己的通道，这就是海底峡谷。

　　发生于海洋底层的海流被称作"底层流"，它在将物质搬运到深海区的过程中也帮了很大的忙。它可以搬运黏土、粉砂甚至细沙，还会在海脊、海山和深海平原上造成侵蚀。

　　浮冰是任职于高纬度地带的重要搬运工。而风也为海洋沉积物的搬运尽了一份力，某些深海和浅海沉积物中的黏土和火山灰等，就是风帮忙运输过去的。

　　搬运海洋沉积物的营力虽然复杂多变，但就整体来说，起主导作用的仍然是海水的动力条件。

从古至今，每个时代都有人存钱，每个时代最值钱的东西都不一样，因此，挖开不同的宝库，你会发现不同的宝藏。比如说，石器时代的人可能埋藏一些贝壳、石币，1000年前的古人可能会埋藏一些金银和宝石，而现代人则会在保险柜里存上几张银行卡。

但是，石币、金银、宝石以及使用方便的银行卡，是保存在不同地方的，想要得到它们，在同一个地方挖来挖去是不管用的。海洋沉积物也有同样的特点。由于沉积的海域不同，海洋沉积物具有不同的类型。

红泥是半深海沉积物的一种

　　近岸沉积物，即滨海沉积物，主要是分布在海滩、潮滩地带的机械碎屑，也就是不同粒度的沙、砾石和生物骨骼、壳体的碎屑等。浅海沉积物占海洋全部沉积物的 90%，可分为三类，分别为碎屑沉积物、生物沉积物和化学沉积物。半深海沉积物通常以陆源泥为主，可有少量化学沉积物和生物沉积物。深海沉积物通常以浮游生物遗体为主，极少含陆源物质。

　　海洋沉积物的分布受气候、距陆地远近和深度等的控制，从而呈现出纬度分带、环陆分带等分带现象。海洋沉积物的分带性是一种具全球规模的宏观现象。各种分带同时存在，相互交织在一起，加之存在有浊流、上升流以及火山活动等区域性现象，致使海洋沉积物呈现出十分复杂的分布格局。

海洋沉积物不仅是海洋日积月累攒下来的宝物，还是海洋不辞辛苦写就的日记。读懂这份日记，能让我们的生活变得越来越美好。

蔚蓝的海洋，是一个神奇的世界。对于我们这些生活在陆地上的人来说，海洋的存在至关重要。

随着世界人口的增加、陆地资源短缺和生态环境恶化，人们越来越多地把目光移向海洋。海洋正以其富饶的资源、广袤的空间，给人类生存发展带来新的希望。